DE

LA RAGE SPONTANÉE[1].

Non debemus adhærere omnibus quæ legimus et audimus; sed attentè debemus majorum dicta et verba examinare ut addamus et corrigamus quæ errata sunt. (Roger BACON.)

L'honneur de notre science se trouve lésé lorsque nous avons pour l'opinion des autres une déférence si aveugle qu'elle nous empêche de nous servir de notre propre jugement, et de déclarer avec liberté le résultat de notre expérience. (POTT.)

Est-il possible d'admettre, chez le chien, le développement spontané et instantané du virus rabique, localisé dans la salive?

Un chien peut-il, dans certaines circonstances, déterminer la rage, par la morsure, et continuer, à partir de ce moment, comme auparavant, à jouir d'une santé parfaite?

Tels sont les problèmes que je vais essayer d'élucider, encouragé que je suis par cette maxime de Malgaigne : « La science est avant tout l'œuvre du temps et, à ce titre, elle est l'œuvre de tous » et guidé par celle-ci, empruntée à Jules Simon : « Ne rien recevoir en sa créance qui ne paraisse clairement et évidemment vrai ». (2)

Ces problèmes, nombre de fois abordés par des observateurs consciencieux, sont tellement difficiles à résoudre et, cependant, d'un si grand intérêt humanitaire, que le lecteur voudra bien, je l'espère, du moins, excuser ce modeste travail, arrivant après des écrits, dus à des savants, en tête desquels on voit M. le professeur H. Bouley et M. le docteur Brouardel, auteurs des articles : *Rage, Rage chez l'homme*, dans le *Dictionnaire encyclopédique des sciences médicales* (3), dont l'ensemble constitue une véritable monographie.

(1) Le Congrès international des sciences médicales, qui a entendu l'analyse de ce *Mémoire*, doit le publier, entièrement, dans son compte-rendu général de la session de Bruxelles.

(2) *La Religion naturelle*, page 459. Edition de 1856.

(3) Troisième série, t. II, pages 35 à 246.

Quelque puisse être le résultat de ce mémoire, fondé, principalement, sur une observation, recueillie par moi-même et avec beaucoup d'attention, j'ose penser que tout lecteur, qui connaît cette sentence de Baglivi : « *Quæ sensus demonstrat, nulla ætas, nulla auctoritas infirmare potest* », le recevra comme un louable effort d'un médecin, zélé pour sa profession et ami de l'humanité, et en excusera les affirmations.

Bien certainement, j'aurai atteint mon but ou je me croirai satisfait si mon travail, quelque mince qu'il soit, peut contribuer, en quelque chose, à éclairer des praticiens ; à détruire des opinions pernicieuses ; à donner une notion plus exacte sur certains points de l'étiologie de la rage virulente ; et si, ne m'asservissant à aucune hypothèse et à aucune autorité, je parviens à confirmer, par l'étude de nombreux écrits et, principalement, par une observation, sur l'authenticité de laquelle on ne doit avoir aucun doute, certaines découvertes, qui n'ont pas encore été suffisamment sanctionnées par l'expérience.

Voici le curieux fait de rage que j'ai observé avec tout le soin dont il est digne. Cette observation mérite la sérieuse attention de MM. les vétérinaires et les médecins, parce que, suivant un axiome de Zimmermann : « Une observation faite avec justesse conduit à des conclusions justes (1). Elle est citée assez inexactement et commentée par les auteurs qui écrivent sur la rage spontanée.

Le 1er janvier 1847, à dix heures du matin, Nicolas Gadon, âgé de neuf ans et demi, d'une robuste constitution, demeurant chez son père, charron, au nº 106 du faubourg de Viller, à Lunéville, est mordu, à l'avant-bras gauche, par un chien de haute taille, chassé, à coups de bâton, du fond de l'allée d'une maison de la rue de Viller, située en face du magasin militaire, où s'était réfugiée une chienne en folie, qu'il poursuivait avec ardeur et qui avait une nombreuse suite de prétendants, petits et grands, tous plus ou moins irrités et passionnés.

Appelé immédiatement, je reconnais, à ce petit garçon, deux plaies, ayant chacune quatre centimètres de longueur, situées à l'avant bras gauche ; l'une, au niveau de l'articulation radio-humérale ; l'autre, du côté opposé.

Le chien, qu'on me dit connaître et que le petit blessé me montre se promenant dans la rue, étant bien portant, selon le dire des assistants, et comme les six mois suivants me le prouvèrent, je fais un simple pansement, ne me préoccupe pas de l'avenir, et déclare qu'une seconde visite me semble inutile.

Le 18 février, dans la soirée, la mère de Nicolas Gadon vient chez moi, me demander quelques conseils pour lui, me disant que, depuis la veille au soir, où promptement il a parcouru, à pied, environ dix kilomètres, il se plaint continuellement d'une grande lassitude et que, dans ce moment, il est agité, a une espèce de délire, et accuse un mal de tête.

(1) *Traité de l'Expérience ;* livre IV, chapitre V et livre V, chapitre II.

Je conseille deux sangsues derrière chaque oreille, de l'eau froide sur la tête, un pédiluve sinapisé, un lavement laxatif, une tisane rafraîchissante, la diète, le repos au lit et de maintenir la tête élevée sur un oreiller de crin végétal.

Malgré ce traitement, exécuté soigneusement, la position de ce petit garçon s'aggravant, le frère du malade vient me chercher, à cinq heures du matin.

Je trouve Nicolas Gadon, qui me reconnaît et me tend la main, se plaignant d'un violent mal de gorge, poussant des cris extraordinaires, ayant des grincements de dents et des convulsions.

Tout d'abord, je persiste, *in petto*, à diagnostiquer une méningite aiguë; mais, bientôt, je tombe dans le doute et, enfin, je reconnais, aux symptômes suivants, la rage, que je n'avais point encore vue :

Constriction pharyngienne; salivation très-abondante; bouche ouverte et langue pendante; horreur de l'eau, du vin, de la tisane et de tout liquide, de la lumière, du brillant d'une glace et de celui des verres de mes lunettes; frayeur et tressaillement à tout instant, au moindre bruit et à l'aspect des hommes (son père, son frère et moi), qui sont dans la chambre; mouvements convulsifs extraordinaires; cris perçants, plaintifs et même espèce de hurlement; strabisme, tantôt supérieur, tantôt inférieur ou interne ou externe; tranquillité pendant quelques minutes; puis, subitement, des frayeurs, des soupirs, des cris, des sanglots et des convulsions, pendant lesquels plusieurs personnes maintiennent difficilement le malheureux.

Gadon, qui a conservé son intelligence, reconnaît bien les personnes qui sont dans la chambre, et, dans l'intervalle de ses crises, leur adresse la parole et répond sensément à leurs questions.

A neuf heures, les convulsions sont plus fortes, plus effrayantes; les envies de mordre s'annoncent; mais le patient se retient, comme il le dit lui-même. Les symptômes d'asphyxie apparaissent : les pieds, les mains et les lèvres deviennent bleuâtres, les yeux cernés, la figure bouffie.

Pas de délire, mais crainte d'un empoisonnement, qu'il croit conseillé par moi, et conscience d'une mort prochaine.

A onze heures, salivation plus abondante, facies terreux, convulsions plus effrayantes, extrémités froides. La figure est horrible : la bouche, grimaçante, béante, est remplie d'écume; les pupilles sont dilatées. L'intelligence est encore intacte entre les crises. L'horreur du bruit le plus léger, de l'air, des liquides, de la lumière et des objets brillants, subsiste toujours. La prostration est très-grande dans l'intervalle des accès. Gadon, dont les mouvements volontaires des membres sont paralysés, tient le dos tourné vers le jour et le tronc incliné en avant; il soutient avec peine sa tête qui est penchée en avant.

C'est dans un de ces moments qu'il peut, enfin, après nombreuses tentatives, me montrer le dessous de sa langue, où je ne remarque rien de particulier, et qu'il me permet d'examiner les deux cicatrices de son coude gauche, qui sont violacées et, peut-être, un peu tuméfiées.

Gadon me remercie des soins que je lui donne et témoigne un chagrin profond à l'aspect du désespoir de ses parents, auxquels j'ai révélé le nom de sa maladie.

Je le quitte, dans le moment où le pouls est presque insensible, annonçant, à la famille, une fin très-prochaine.

A midi ou vingt minutes après mon départ, Nicolas Gadon meurt doucement, à la suite d'une horrible convulsion générale, pendant laquelle il a été tourmenté par des envies de mordre, et il a eu des évacuations involontaires d'urine et de matière fécale.

A deux heures, le cadavre exhale déjà une forte odeur de putréfaction et les membres, tièdes encore, commencent à devenir raides (1).

J'avoue n'avoir pas osé faire la nécropsie de Gadon (alors je ne savais pas que l'autopsie d'un individu mort de la rage ne fût pas plus dangereuse que celle d'un autre cadavre), parce que, en 1837, pour avoir fait, malgré le conseil de quatre de mes collègues, et même avec des précautions très-grandes, l'ouverture d'un enfant, mort d'une gangrène générale, je fus atteint d'une maladie douloureuse et dangereuse, qui me retint, sur mon lit, durant trois mois.

Avant de tirer de cette observation la solution logique de chacun des problèmes, qui sont le but de ce travail, je dois voir si Gadon a eu la rage ou, autrement dit, si réellement il est mort de la rage.

Cette question préliminaire est d'une haute importance, car, et qui pourrait le croire, après la lecture de mon observation ! la rage, chez le petit Gadon, n'est pas démontrée aux yeux de quelques cliniciens très-sceptiques; ce qui me rappelle cette sentence de Boerhaave : « *Quæ sensus demonstrat, nulla » ætas, nulla auctoritas infirmare potest, nisi sceptici impugnare* » et celle ci, de Deslandes : « Il faut savoir démêler la vérité des vraisemblances, la certitude » des probabilités, l'évidence des fausses lueurs qui n'ont qu'un éclat pas- » sager » (2).

(1) Cette observation, si intéressante sous plusieurs points de vue, et que je rapporte, avec quelques variantes, à la page 237 d'un roman intitulé : AVENTURES D'UN MÉDECIN (Paris, Ernest Leroux, éditeur), a été adressée, en 1847, à l'Académie de médecine de Paris. La commission (composée de Jolly, Rayer et Renault), nommée pour en rendre compte, n'a point fait son rapport.

Dix années auparavant, à la même Académie, une commission, composée de Lisfranc et Adelon, a perdu, *pour moi*, un mémoire sur l'INTRODUCTION DE L'AIR DANS LES VEINES PENDANT LES OPÉRATIONS.

Ces deux faits prouvent qu'on peut trouver à l'Académie de médecine de Paris des commissions qui oublient, volontairement, leur devoir, même quand il s'agit de travaux importants, dus à des correspondants.

(2) *Histoire de la philosophie*, t. III.

Voici ce que disent Valleix et Lorain (1) :

« M. Putegnat, de Lunéville, a observé un cas de rage mortelle, communi-
» quée à un enfant par la morsure d'un chien qui n'était pas enragé, mais
» seulement furieux. On ne peut nier l'exactitude du fait; mais n'est-ce pas là
» une de ces hydrophobies non rabiques, causées par la frayeur? »

Avant d'aller plus loin, que le lecteur remarque ceci : Valleix et Lorain, après avoir écrit que le chien était seulement furieux, se demandent si la maladie n'était pas un résultat de la frayeur. Singulière façon d'écrire de la science, surtout quand on voit que le chien, effrayé et furieux, éprouvait de la douleur et était excité par un extrême désir génital, interrompu ou non satisfait, et quand on confond la rage avec l'hydrophobie non rabique!

Ecoutons maintenant H. Bouley (2) :

« Dans l'observation de M. Putegnat, dit ce savant, il ne semble pas con-
» testable que la morsure, subie par l'enfant, ait été le point de départ de la
» maladie à laquelle il a succombé. Mais cette maladie était-elle la rage ou
» n'en avait-elle que les apparences? Et, si c'était la rage, n'était-il pas pos-
» sible que l'enfant ait subi une autre morsure sans qu'on l'ait su? On est bien
» obligé de se poser ces questions, tant il répugne à la raison d'admettre le
» développement instantané d'un virus éphémère qui, naissant sous l'influence
» de la colère, disparaîtrait avec elle. »

Bien certainement, malgré le doute exprimé par Valleix et Lorain, Nicolas Gadon a eu la véritable rage et point une hydrophobie non rabique. Hippocrate, merci! quoique petit et obscur praticien, je sais distinguer la rage contagieuse de l'hydrophobie, que j'ai vue, une fois, mortelle, sous forme intermittente pernicieuse; et deux de mes collègues, MM. les docteurs Gueury et Thomassin, ont donné, comme moi, le nom de rage à la maladie qui a tué Nicolas Gadon.

Bien certainement, ce jeune garçon est mort de la rage et non, suivant la supposition de M. Bouley, d'une maladie (hydrophobie, convulsions, tétanos, etc.), ayant les apparences de la rage.

Outre l'affirmation des trois docteurs qui ont vu, interrogé et examiné, avec soin, Nicolas Gadon; outre l'ensemble des symptômes, voici d'autres renseignements, qui éclairent suffisamment le diagnostic.

D'abord, il y a eu morsure d'un chien, quarante-huit jours avant l'apparition des symptômes rabiques, donc incubation du virus, ce qui a toujours lieu lorsque celui-ci est inoculé.

L'explosion des accidents symptomatiques s'est montrée aussitôt après un excès de fatigue : or l'on sait que divers auteurs, ainsi Portal (3), M. Brouar-

(1) *Guide du médecin praticien*, 1870, t. V, p. 932.
(2) *Loc. cit.*, t. II, p. 89.
(3) *Observations sur la nature et le traitement de la rage*. Alençon, 1780.

del (1), etc., disent que, parmi les causes qui hâtent l'apparition des symptômes de la rage inoculée ou qui couve, il faut compter les travaux pénibles.

Si Gadon avait horreur du liquide, par suite de la constriction pharyngienne, il avait aussi horreur de la lumière naturelle et artificielle et même de tout objet brillant. Le moindre bruit et la vue de certaines personnes le tourmentaient et même l'épouvantaient. Sa bouche, grimaçante et écumeuse, était entr'ouverte, et sa langue, tuméfiée et violacée, était pendante; symptômes de la paralysie de certains muscles de la mâchoire inférieure et de la langue, bien décrits, dans la rage canine, par MM. Youatt et Bouley (2).

Dès le début du mal, mais seulement dans les intervalles des accès, les membres inférieurs fléchissaient et la démarche était chancelante, par suite, certainement, d'une affection spéciale de la partie lombaire de la moelle épinière. Plus tard, la paralysie est devenue générale.

Dans les intervalles des crises, Gadon parlait avec calme, en répondant aux questions qu'on lui adressait vivement.

Gadon se plaignait beaucoup d'une grande constriction de la gorge : aussi me priait-il, avec instance, de le débarrasser du morceau qui, suivant son expression, l'étranglait.

Ce symptôme, indiqué par Salius (3); confirmé par Césalpin (4); qui fit dire, mais bien à tort, par Aromatarius (5), que la rage n'est autre chose qu'une angine; admis, aujourd'hui, par tous les vétérinaires et médecins qui ont eu l'occasion de voir plusieurs fois la rage, peut faire naître la pensée d'un corps étranger arrêté dans l'œsophage et entraîner une exploration, toujours dangereuse, ainsi que le prouve la fin si malheureuse du vétérinaire Nicolin, arrivée à Sous-le-Saunier, le 26 septembre 1846. Moi-même, ignorant tout d'abord, la maladie de Gadon, et voyant celui-ci s'opposer, avec énergie, à l'exploration de son pharynx, à l'aide du manche d'une cuiller, j'aurais fait cet examen, avec deux doigts, sans son refus formel et heureux pour moi.

A tous ces symptômes si caractéristiques de la rage virulente, chez l'homme, j'ajouterai la prompte arrivée de la putréfaction du cadavre, même un jour de forte gelée; phénomène déjà signalé par Boerhave, Van Swieten (6), Morgagni (7), Enaux et Chaussier (8), etc.

Ainsi, voilà bien établi, un point très-important : Nicolas Gadon, quarante-huit jours après une morsure, constituée par deux plaies, faite par un chien,

(1) *Dictionnaire encyclopédique des sciences médicales, loc. cit.*, p. 205.
(2) *Recueil de médecine vétérinaire pratique*, 1847, p. 222.
(3) *De affect. part., caput* XIX.
(4) *De Arte medicâ, liber* III, *caput* XXXIV.
(5) *Disputatio de rabie. Pars prima.*
(6) *Opera omnia*, 1754, t. III, p. 537.
(7) *De sedibus et causis morborum*, etc. *Epist.* VIII, § 31.
(8) *Méthode de traiter la morsure des animaux.* Paris, 1785.

d'un naturel hargneux et méchant; excité par la fureur vénérienne; en colère et battu, a été pris, à la suite d'un excès de fatigue, de la rage virulente, qu'il couvait et est mort de cette maladie.

Mais, a dit M. le professeur Bouley (1), ce jeune garçon, tout en admettant la mort causée par la rage (cet aveu timide ne doit point être oublié), n'aurait-il pas été mordu, sans qu'on l'ait su, avant de l'être ou après l'avoir été, le 1er janvier, par le chien appartenant au sieur Gadon père, par un autre chien inconnu, lequel, alors, aurait été atteint de la rage?

Je me suis assez sérieusement occupé de ce point très-important de l'étiologie de la rage, pour ne pas me sentir ébranlé par une objection, suscitée par le scepticisme de vétérinaires et de médecins, même savants et dévoués, avant tout, à la vérité et au bien de l'humanité, et je réponds, à cette question, par un non très-catégorique.

Pour moi donc, qui ai vu, de mes propres yeux, le petit Gadon est mort, le 18 février, de la rage, inoculée par la morsure du chien de Chailly, faite le 1er janvier.

Telle est ma conviction intime, que nulle objection ne peut et ne pourra détruire ni même ébranler, parce qu'elle est basée sur un fait authentique et observé scrupuleusement : aussi ai-je le droit de dire, attendu que je le pense : *nulla œtas, nulla auctoritas hanc affirmationem infirmare potest, nisi sceptici impugnare.*

Est-il indispensable d'ajouter que, longtemps avant la morsure de Gadon, il n'y a pas eu de rage à Lunéville, et qu'on n'a point entendu parler de cette maladie pendant l'année qui a suivi la mort de ce jeune garçon?

Du moment donc que le petit Gadon est mort de la rage, inoculée par la seule morsure du chien de Chailly, nécessairement il faut admettre, en vertu de cet adage : *Qui nihil habet nil potest dare*, que la salive de ce chien, au moment où celui ci blessait le garçon, contenait du virus rabique.

Tel est un nouveau point incontestable.

Mais, alors, comment donc le chien de Chailly, indemne du virus rabique jusqu'au 1er janvier, à dix heures du matin, et même depuis pendant six mois, comme on le verra plus loin, a-t il eu subitement, au moment où il mordait Nicolas Gadon, la funeste propriété de pouvoir transmettre le virus de la rage, par l'inoculation de la salive, dans les plaies faites avec ses dents? Autrement dit : quelle a pu être l'étiologie de ce virus, développé spontanément ou sans inoculation, instantanement et localisé passagèrement dans la salive?

Me voici arrivé comme on le voit, en face de plusieurs points, très-importants, de l'histoire de la rage canine, sur lesquels, cependant, on n'est point d'accord aujourd'hui, dans l'art vétérinaire et la médecine humaine.

(1) *Dictionnaire encyclopédique des sciences médicales, loc., cit.*, p. 89.

J'ai dit la race canine, car maintenant, malgré les affirmations de Cœlius Aurelianus, de F. Hoffmann ; malgré celles de Salius Diversus, de Boerhave, de Malpighi, de Pouteau et de beaucoup d'autres, la rage virulente, je ne dis point l'hydrophobie, ne naît pas spontanément chez l'homme; mais, toujours ou en tout temps et en tout lieu, par inoculation de son virus.

Parmi les observateurs modernes, qui nient, et avec toute raison, la spontanéité de la rage virulente, chez l'homme, je dois me contenter, vu le plan de ce modeste travail, de citer Villermé et Trolliet (1), les auteurs du *Compendium de médecine pratique* (2), le professeur Requin (3), Valleix et Lorain (4).

Ainsi, voilà un second fait-axiome qui, démontrant l'impossibilité absolue de la spontanéité de la vraie rage, chez l'homme, prouve que le petit Gadon, puisqu'il est réellement mort de cette maladie, a été inoculé avec le virus rabique d'un chien, que je dis, et comme je vais le prouver, avoir été, spontanément, instantanément et passagèrement, en jouissance du virus rabique, localisé.

Voyons, maintenant les motifs qui me font admettre, avec une profonde conviction, le développement spontané et instantané du virus de la rage, chez le chien du jardinier Chailly; puis nous donnerons ceux qui nous font penser que ce virus est resté localisé passagèrement dans la salive de ce chien.

On le comprend : ces parties de l'histoire de la rage sont d'une haute importance, aussi ont-elles, surtout la première, fixé sérieusement l'attention de nombreux vétérinaires et médecins, et feront-elles excuser les quelques détails, dans lesquels je me sens forcé d'entrer.

Tout d'abord, je dois citer les noms des observateurs qui admettent la spontanéité de la rage virulente chez le chien, ceux qui la nient, ceux qui me paraissent être dans le doute.

Le plan de mon travail ne me permettant pas un article bibliographique bien étendu, à plus forte raison, complet, qui, d'ailleurs, serait au-dessus de mes forces, je vais seulement donner quelques noms pris, surtout, et avec intention, dans les auteurs contemporains.

Parmi les auteurs qui admettent le développement spontané de la rage virulente, chez le chien, outre ceux que, déjà, j'ai indiqués, je nommerai les suivants : Van Swieten, qui a écrit cette phrase : *Canes videntur fréquentissimè in rabiem incidere à causis internis* (5), Bourgelat, Chabert (6), Huzard,

(1) *Dictionnaire des sciences médicales*, t. XLII, p. 45.
(2) T. VII. p. 292.
(3) *Eléments de pathologie interne*, t. III, p. 377.
(4) *Guide du médecin praticien*, t. V, p. 932.
(5) *Loc. cit.*, p. 537.
(6) *Réflexions sur la rage*, 1778.

Villermé et Trolliet (1), Mondeville (2), Capelle (3), Flemming (4), Rochoux (5), Youatt (6), Toffoli (7) et Putegnat (8). Je nommerai encore Renault (9), Donat Matton (10), Tardieu (11) Decroix (12), Leblanc, père et fils (13), Percheron (14), Felizet (15) et P. Simon, qui a écrit cette phrase : « Aujourd'hui, j'ai la con- » viction profonde que la rage naît spontanément chez le chien (16).

Dans les observateurs qui se prononcent contre le développement spontané de la rage, chez le chien, je citerai seulement, quelques-uns pris dans les contemporains : ainsi Delabère Blaine (17), Boudin (18), le professeur Saint-Cyr (19), le professeur Trasbot (20), MM. Bourrel (21), Tabourin (22), Weber (23).

Parmi les observateurs modernes, qui semblent douter du développement spontané de la rage, chez le chien, je nommerai MM. Reynal (24), H. Bouley (25), Piétrement (26).

L'opinion de ces vétérinaires, surtout celle de M. le professeur Bouley qui,

(1) *Loc. cit.*

(2) *Thèse*. Paris, 1821.

(3) *Archives générales de médecine*, 1826.

(4) *Edimburg and surgical Journal*, 1841.

(5) *Répertoire général des sciences médicales*, t. XXVII, p. 184.

(6) *Recueil de médecine vétérinaire pratique*, mars 1847, p. 222.

(7) *Mémoire sur la rage canine*, 1843.

(8) *Journal de médecine de Bruxelles*, décembre 1847. Ce travail, reproduit en 1860, par la *Gazette hebdomadaire de médecine et de chirurgie;* dans les ouvrages de Requin, de Valleix et Lorain ; dans un mémoire de M. Decroix ; dans différentes thèses, articles et dictionnaires, l'est encore, ainsi que je l'ai dit, dans un roman intitulé : AVENTURES D'UN MÉDECIN, publié par le docteur Putegnat.

(9) *Recueil de médecine vétérinaire pratique*, 1852.

(10) *Thèse*. Strasbourg, 1862.

(11) *Dictionnaire d'hygiène publique et discussion académique en* 1863.

(12) *Abeille médicale*, 1863. *Bulletin de la Société centrale de médecine vétérinaire*, 1874, p. 118.

(13) *Documents pour servir à l'histoire de la rage*, 1873 ; etc.

(14) *Recueil de médecine vétérinaire pratique*, 1874, p. 488.

(15) *Même journal*, février 1875, p. 89.

(16) *Même journal*, janvier 1872, p. 29.

(17) *Pathologie canine*. Traduction de Delaguette. Paris, 1828.

(18) *Annales de médecine et de chirurgie militaires*, 1862.

(19) *Journal de l'école vétérinaire de Lyon*, 1866.

(20) *Société centrale de médecine vétérinaire*. Séance du 11 juin 1873.

(21) *Traité complet de la rage chez le chien et le chat*, 1874.

(22) *Spontanéité des maladies contagieuses. Recueil de médecine vétérinaire pratique*, 1874, n° de mai, p. 322.

(23) *Bulletin de la Société centrale de médecine vétérinaire*, 1874, p. 93.

(24) *Traité de la police sanitaire.*

(25) *Dictionnaire encyclopédique des sciences médicales, loc. cit.*, p. 81 et *Recueil de médecine vétérinaire pratique*, 1874, p. 329.

(26) *Recueil de médecine vétérinaire pratique*, 1874, p. 126.

jadis, admit la spontanéité, sont si importantes que je ne puis hésiter à les rappeler ici.

M. Reynal n'hésite pas à déclarer que « La part de la spontanéité sur le » développement de la rage est des plus minimes (une chose minime existe, » soit dit en passant), car les enquêtes les plus minutieuses auxquelles nous » nous sommes livré, dit-il, pour reconnaître l'origine de plus de deux mille » cas de rage canine, nous ont fait connaître que tous, à part quelques exceptions pour lesquelles le doute était commandé, se rattachaient à l'inoculation par morsure ; nous sommes donc porté à conclure que nous ignorons » à peu près tout pour ce qui concerne l'étiologie de la rage spontanée. »

Voici ce que pense, aujourd'hui, M. le professeur Bouley : « La rareté excessive des cas de rage spontanée (donc celle-ci existe, soit encore dit en passant), relativement à la fréquence des circonstances qui sont réputées efficaces à la faire naître, ne témoigne-t-elle pas, à elle seule, que cette efficacité » est au moins douteuse. »

Pour dire toute la vérité, ajoutons que, quelques lignes plus bas, M. Bouley avoue s'être rallié à l'opinion de M. Boudin, autrefois combattue par lui ; opinion qui n'admet pas la spontanéité de la rage virulente, chez le chien.

Ces variations donnent, ce me semble, beaucoup à réfléchir.

M. Piétrement s'exprime ainsi : « Il paraît donc permis d'admettre la possibilité de l'évolution spontanée de la rage, jusqu'à ce que l'étiologie mieux » connue de cette affection soit venue nous donner, sur cette question, des » documents plus précis et plus concluants que ceux dont nous pouvons disposer aujourd'hui. »

Dans la séance du 11 juin 1873 de la Société centrale de médecine vétérinaire de Paris, M. Piétrement a dit : « S'il n'est pas démontré scientifiquement » que la rage se développe encore spontanément, il n'est pas davantage » prouvé qu'elle n'apparaît plus spontanément : il paraît donc permis d'admettre l'évolution spontanée de la rage. »

On le voit : plus ce vétérinaire avance, moins l'évolution spontanée de la rage canine lui semble douteuse, dans certaines circonstances.

Maintenant que j'ai exposé les trois opinions qui régnent sur la possibilité du développement spontané du virus rabique, dans la race canine ; après avoir clairement démontré, à ceux qui ne sont pas systématiques, que Nicolas Gadon est mort de la rage, qui lui a été inoculée par la morsure du chien de Chailly, indemne du virus rabique un peu avant la morsure (et même après, pendant six mois), il me reste à rechercher comment ce chien a pu gagner son privilége, si funeste au petit Gadon ; autrement dit, il me faut rechercher quelles influences ou quelles circonstances qui, subitement et même passagèrement, ont pu produire, dans sa bave, le virus rabique, lequel, introduit dans une plaie de morsure, a transmis la rage au jeune Gadon.

Cet examen, écourté comme l'ordonne le plan de ce modeste mémoire, suffira, cependant, à faire voir non-seulement, ce qui, déjà, est de toute évidence, la transmission du virus rabique, à Nicolas Gadon, par la morsure du chien de Chailly; mais aussi lesquels sont dans le vrai ou ceux qui admettent, dans certaines circonstances, la spontanéité du développement du virus rabique, chez le chien ou ceux qui la nient, absolument, en tous lieux, temps et circonstances.

« Mais pourquoi donc la rage ne se reproduirait-elle pas spontanément, chez » le chien? dit M. Simon (1). Est-ce que, dans l'échelle animale, chaque race » ne possède pas le triste privilége de donner naissance à des maladies parti» culières, sous l'influence de causes déterminées? Est-ce que la morve et le » farcin ne se développent pas spontanément chez le cheval, et n'ont point, » comme la rage, le funeste privilége d'être transmissibles à l'homme? »

Parmi les nombreuses causes, auxquelles les observateurs modernes et anciens, attribuent le développement spontané de la rage virulente, chez le chien, seules les plus importantes vont m'occuper, parce qu'elles existent dans mon observation.

Je passerai donc sous silence les influences climatériques; celles des saisons, de la soif, de la faim, de l'alimentation, du sexe, de l'âge et de la race. Je ne m'arrêterai que sur celles dites : *Frayeur*, *Douleur*, *Colère*, *Orgasme génital*.

Remarquons, tout d'abord, que le chien de Chailly, reconnu hargneux, d'un naturel méchant, c'est-à-dire, vulgairement, rageur (circonstance qu'il ne faut pas oublier), a subi, en même temps, la frayeur, la douleur, la colère et la furie vénérienne non satisfaite.

En effet, au moment où il est réfugié au fond d'une allée obscure, qu'il juge propice à la satisfaction de son extrême désir vénérien, il est effrayé, subitement, à la vue d'un homme, armé d'un manche à balai. Presque en même temps, il éprouve de la douleur, sous les coups qu'il reçoit et une furieuse colère d'être ainsi troublé, alors qu'il commence à sentir la suprême jouissance, après laquelle il a couru, pendant des heures; pour laquelle il a enduré plusieurs horions et coups de dents, précédés de menaces et impitoyablement administrés par quelques-uns des nombreux et passionnés adorateurs de la chienne en rut.

Frayeur. Elle ne contribue pas seulement à faire apparaître brusquement les symptômes de la rage virulente, qui couve chez l'homme, à la suite de l'inoculation produite par la morsure d'un chien enragé; mais encore au développement spontané du virus rabique, chez le chien.

Parmi les faits cités à l'appui de ce point de l'étiologie de la rage du chien,

(1) *Recueil de médecine vétérinaire pratique*, p. 30 du nº de janvier 1874.

je donnerai le suivant, que MM. Laquerrière et Decroix rapportent, d'après M. Bouley, qui, lui-même, l'a emprunté à Flemming.

Un petit chien, dormant en wagon, fut brusquement éveillé par le bruit strident d'un train, qui passait en sens contraire. Dès ce moment, il se mit à pousser des hurlements extrêmes; les symptômes de la rage se développèrent, et le lendemain le chien mourut de cette affection.

Mais, dira peut être M. Bouley, qui oserait affirmer que ce chien, au moment où il fut subitement effrayé, ne couvait pas la rage, inoculée auparavant?

A cette objection, je répondrai : toute cause, même désespérée, trouve un habile avocat pour la défendre; et l'on voit la frayeur blanchir subitement les cheveux.

Douleur. M. le professeur Tardieu parle d'un chat, devenu enragé à la suite de la douleur infligée par une large brûlure.

Ce fait, quoique donné comme authentique, est contesté par M. Bouley, parce que, dit ce professeur, la rage s'est développée instantanément; parce que la douleur ne rend pas enragés les animaux torturés dans l'amphithéâtre.

Je reviendrai sur ces deux points de l'étiologie de la rage, chez le chien.

Colère. Parmi les causes, que les observateurs, anciens et modernes, indiquent comme des plus capables de produire la spontanéité de la rage virulente, chez le chien, on cite la colère extrême.

J. Hoffmann a écrit cette phrase : « *Rabies extrema et continua irascentia est* (1). » Pouteau (2), Sauvages (3), Chabert (4) acceptent cette cause.

M. Bouley, dans son article RAGE du *Dictionnaire encyclopédique des sciences médicales* (5), n'admet pas cette cause de la rage, dans le fait de M. Tardieu.

Voici ses raisons: la rage s'est développée subitement; un pareil fait est très-exceptionnel et il contraste, par sa rareté, comme ceux où l'on admet la douleur capable de produire la spontanéité de la rage canine, avec les cas fréquents où la rage trouverait l'occasion de se développer, si la fureur était efficace à la produire.

Disons, d'abord, que cet argument est emprunté à Trolliet, qui l'a exposé en ces termes : « Si les morsures des animaux furieux étaient une cause de rage, les chiens, etc., qui se battent avec acharnement, se la donneraient souvent par les blessures qu'ils se font (6). »

On le reconnaît : M. Bouley, pas plus que Trolliet et Rochoux, n'ajoute con-

(1) *L. c., Pars secunda*, page 195, § VI.

(2) *Essai sur la rage.*

(3) *Nosologie*, 1771, t. II, page 704.

(4) *Réflexions sur la rage.*

(5) *L. c.*, page 90.

(6) *L. c.*, page 49.

fiance, *ici*, à cette maxime de Zimmermann : On ne voit que trop souvent, dans les maladies, des particularités très-singulières (1).

Je ferai remarquer, cependant, que M. Bouley, dans ce cas, n'ose pas nier la possibilité du développement spontané et intantané du virus rabique, puisqu'il déclare « qu'un pareil fait est très-exceptionnel ». Cet aveu est bon à conserver ; c'est un soupir de la conscience.

Orgasme génital. — Commençons par rappeler un fait, bien connu : c'est une altération spéciale de la chair de quelques animaux, pendant la période du rut. Qui ne sait aussi que la chair de certains poissons, notamment du barbeau, à l'époque du frai, peut être un aliment dangereux !

La passion vénérienne, que les anciens désignaient sous le nom d'*œstrum veneris,* a été signalée par Cælius-Aurelianus (2), par S. Hildebrand (3), comme une cause pouvant engendrer la rage non inoculée ou spontanée, chez le chien.

Depuis lors, nombreux observateurs ont cité des faits à l'appui de cette opinion. Parmi eux, je nommerai seulement Gorry (4), Capello et Greve (5), Toffoli (6), Brachelet et Froussard (7), MM. Leblanc, père et fils (8), Fitte (9), Simon (10).

MM. Brachelet et Froussard soutiennent (opinion très-exagérée), que la cause de la rage réside uniquement, lorsque celle-ci est spontanée, dans la privation de la fonction génératrice.

Aux questions, dit M. Leblanc père, que j'adresse toujours aux personnes qui me conduisent des chiens enragés, il est très-rare qu'on ne me réponde pas que ces chiens ont manifesté le vif désir de couvrir des chiennes.

En présence de ces affirmations, dues à des observateurs instruits et consciencieux, le scepticisme de M. Bouley est ébranlé et l'on voit ce professeur revenir, forcément, à celle qu'il a soutenue, avec ardeur, contre M. Boudin, c'est-à-dire à la possibilité du développement spontané de la rage virulente, chez le chien.

En effet, voici ce qu'il a écrit, dans le *Dictionnaire* cité : « Quelques faits ont » été publiés, qui, rapprochés de ceux de Toffoli, donnent à réfléchir, et s'ils » ne sont pas encore suffisants, pour résoudre la question d'une manière » décisive, il serait imprudent, croyons-nous, de ne pas admettre comme

(1) *Traité de l'expérience,* livre I, chapitre III.
(2) *Loc. cit.*, p. 219, c. IX.
(3) Voir Sprengel. *Histoire de la médecine,* t. VI, p. 419.
(4) *Journal de médecine de Corvisart,* etc., 1807, t. III.
(5) *Archives générales de médecine,* 1834, n° de juillet.
(6) *Journal vétérinaire et agricole de Belgique,* t. XI, p. 126.
(7) *Causes de la rage et moyens d'en préserver l'humanité.* Paris, 1857.
(8) *Bulletin de l'Académie de médecine de Paris.*
(9) *Recueil de médecine vétérinaire pratique,* 1874, n° de janvier, p. 6.
(10) Mêmes *Journal* et numéro, p. 29.

» *possible* l'influence de la circonstance étiologique dont ils paraissent témoi-
» gner. »

A la page suivante, il dit : « ..... En définitive, si le doute est encore permis, » à l'endroit de l'influence de l'orgasme génital, ... cependant la prudence » exige que, dès maintenant, on se tienne en garde contre elle. » Cette opinion est encore exprimée dans le *Recueil de médecine vétérinaire pratique* (1).

Quand on voit M. le professeur Bouley ne pas nier la *possibilité* du développement spontané de la rage, par suite d'un violent accès de colère, ou le regarder comme un fait *très-exceptionnel;* quand on lit les passages de M. Bouley, que je viens de rapporter, au sujet de l'influence *possible* de l'orgasme génital sur le développement spontané et instantané de la rage, chez le chien, on est en droit de se demander pour quels motifs ce professeur a pu élever des doutes sur la nature du mal qui a tué Gadon, surtout après l'exposé des symptômes que j'en ai fait. On se demande pourquoi M. Bouley est porté à soupçonner que ce garçon a pu être mordu par un autre chien que celui de Chailly; pour quelle cause il lui répugne d'admettre le développement spontané du virus rabique, chez un chien, tourmenté, en même temps, et au suprême degré, par la frayeur, la colère et la furie vénérienne, dont il a été contraint, par la douleur, résultat des coups de bâton, d'interrompre la satisfaction, au moment où il commençait à l'éprouver.

Si M. le professeur Bouley n'a pas été convaincu, par son examen de mon observation, son motif, ce me semble, est facile à connaître.

En effet, pourquoi donc ce professeur n'a-t-il vu : ici, que l'*orgasme génital;* là, l'*extrême colère?* Pourquoi donc, deux fois, cet exclusivisme, favorable à sa doctrine actuelle, lorsque mon observation renferme quatre causes : *frayeur, douleur, extrême colère* et *fureur érotique?*

Est-ce que, sous le rapport de l'influence de l'orgasme génital, mon observation n'a pas une très-grande ressemblance avec celle de cet artisan de Venise, qui, ayant séparé deux chiens accouplés, fut mordu par l'un d'eux et atteint, quelques jours après, de la rage, dont il mourut? (2)

Et quand même j'aurais simplement indiqué la colère, dans mon observation, cette cause ne suffirait-elle pas, comme je l'ai démontré ci-dessus, à permettre d'admettre, dans certaines circonstances, la possibilité du développement spontané et instantané du virus rabique, dans la salive du chien?

Ecoutons, à ce sujet, F. Hoffmann : « *Non modo rabies, sed etiam vehementiores animi affectus in corpore humano, ut terror et ira, totam lymphæ massam qualitate imbuunt, id quod clarissimè ex eo apparere puto, quod infantes, ex assumpto lacte nutricis quæ brevis ante irâ vel terrore percussa*

(1) Année 1875, p. 88 du n° de février.

(2) *Histoire de la Société royale de médecine*, 1783, 2ᵉ partie, p. 91.

fuit, in gravissimâ pathemathâ, convulsivâ epilepticâ, et sœvissimè alvi tormina incident, non secus ac si veneni quid illis propinatur (1). »

Voilà donc un fait que, maintenant, rien ne peut ébranler : soupçonné dans les temps anciens, démontré de nos jours et même avoué (*sic fata voluerunt*), timidement il est vrai, par le plus savant de nos spontanéistes, lequel, jadis, s'était énergiquement prononcé pour la spontanéité, le développement spontané de la rage peut avoir lieu et a lieu, dans certaines circonstances, chez le chien.

L'on sait que, depuis 1847, je soutiens cette doctrine, basée sur mon observation, inattaquable à mes yeux, je le répète, par sa véracité et par le soin extrême que j'ai mis à l'étudier et à la recueillir.

Dès maintenant, le lecteur connaît la juste valeur de cette sentence de Rochoux (auteur d'habitude trop tranchant, comme le prouvent, par exemple, ses discours académiques, niant, contre l'évidence, la propagation, par la contagion, de la fièvre typhoïde, dans certaines circonstances) : Les faits, dans lesquels on a cru voir la rage naître indépendamment de toute inoculation, ont été admis par des hommes, chez qui l'esprit critique n'a jamais été la qualité dominante; témoin Marc. »

Je ne remplirais pas la lourde tâche, que je me suis imposée, avec l'honorable encouragement de M. H. Bouley, si je terminais ce travail sans avoir répondu à deux autres objections, formulées, timidement il est vrai, par ce professeur de l'Ecole d'Alfort (2).

Ces deux objections reposent sur l'instantanéité de l'apparition du virus rabique, dans la rage spontanée du chien et sur la prompte disparition de ce virus, dans quelques cas.

Parlons, d'abord, de l'instantanéité.

Quoi ! s'écrie-t-on, un état de virulence qui naîtrait instantanément !

Si le virus varioleux, si le virus vaccinal, si le virus du charbon, si celui du chancre induré ont besoin, chacun, après l'inoculation, d'une période d'incubation, variable suivant nombreuses circonstances, pour faire sentir, apparaître et reconnaître leurs conséquences particulières; si le virus rabique, lui-même, lorsqu'il est inoculé, exige une incubation de quarante jours environ (3), pour montrer ses funestes effets, est-ce donc une raison suffisante pour que sa création, dans certaines circonstances, et sous l'influence, indéniable maintenant, de causes connues, ne puisse avoir lieu instantanément?

(1) *Opera omnia*, 1760, t. I, p. 196, Schol. du § VII.

(2) *Recueil de médecine vétérinaire pratique*, avril 1874, p. 246.

(3) Le Cœur, *Essai sur la rage*, 1857 ; avant lui, Enaux et Chaussier. — Chez le chien, la période moyenne d'incubation de la rage, après inoculation du virus, est suivant Renault, Leblanc, Saint-Cyr et Haubner, de deux mois. Elle est de trois à sept semaines, suivant Delabère-Blaine, et de six semaines, dit Youatt. On a coutume, à Alfort, disent les auteurs du Compendium de médecine pratique, de ne rendre, à leurs propriétaires, les animaux suspects, que quarante jours après avoir été mis en observation.

Est-ce que le lait de la femme nourrice n'est pas instantanément modifié sous l'influence d'une terreur, d'un accès de colère, comme le témoignent la jaunisse, les convulsions et l'insomnie, dont est atteint l'enfant qui a tété pendant ou tout de suite après la crise maternelle? Quel est le médecin praticien qui, maintes fois, n'a point observé l'ictère chez un individu (une femme spécialement, comme, encore j'en ai la preuve sous les yeux), qui a eu, il y a quelques moments, un violent accès de colère ou de rage, comme on le dit vulgairement? Est ce que l'on ne sait pas que, sous l'influence d'une violente frayeur, les cheveux de l'homme peuvent blanchir? Eh bien! pourquoi donc un chien, d'un naturel méchant, sous l'influence d'une grande frayeur, de la douleur, soit d'une extrême colère ou de la fureur vénérienne et, surtout, sous l'influence de ces causes réunies, comme dans mon observation (circonstances, dont M. Bouley, à tort suivant moi, n'a pas tenu compte), ne jouirait-il pas du privilége, funeste aux hommes, à ses semblables, etc., de voir sa salive, seulement, contenir du virus rabique, formé instantanément; puisqu'il est reconnu et admis, même par M. Bouley, que, exceptionnellement, il peut être atteint de la rage spontanée, dans quelques circonstances, point ignorées aujourd'hui!

Au surplus, à quoi bon, à mon avis du moins, tant discuter sur cette instantanéité, du moment que la spontanéité est reconnue pouvant avoir lieu dans des certains cas, exceptionnels il est vrai, et comme le prouve d'une manière inattaquable, l'observation de Gadon!

Maintenant que nous avons démontré, par des faits bien vus et bien observés, par des considérations physiologiques, connues de tout médecin praticien, que le virus de la rage, dans certaines circonstances ou sous l'influence de certaines conditions, admises, aujourd'hui, même par les sceptiques, peut apparaître, non-seulement spontanément, mais encore instantanément, chez le chien, voyons jusqu'à quel point il peut répugner de reconnaître sa présence, seulement dans la salive et qu'elle y soit passagère.

Voici, sur ce point, d'une très-haute importance étiologique, l'opinion de M. le professeur Bouley. Je l'extrais, mot pour mot, d'une lettre qu'il m'a fait l'honneur de m'écrire (1) :

« Je ne crois pas que la rage, c'est-à-dire une maladie qui implique l'existence d'un virus tout élaboré, au moment où elle se manifeste, puisse ne durer que le temps d'un éclair dans l'organisme d'un chien ; et passer de cet organisme dans un autre où il donne lieu à toutes ses terribles conséquences. »

Avant de donner une réponse à cet argument qui, au premier coup d'œil, semble irréfutable, écoutons ce que Gorry a écrit (2) :

« Pendant le rut, la morsure d'un chien peut être dangereuse même pour

(1) Le 6 avril 1875.

(2) *Journal de médecine de Corvisart, etc.*, 1807, t. XIII, p. 83.

» les animaux de son espèce (ainsi, ce me semble, peuvent être expliquées ces » apparitions, en même temps, de nombreux cas de rage canine); mais elle » l'est davantage pour l'homme, qui succombe à un principe inoculé, qui n'a » encore aucune propriété délétère pour l'animal qui l'a engendré. Dans cet » état il peut transmettre la rage et lui-même échapper à la maladie, s'il par- » vient à satisfaire ses désirs effrénés, car alors, les humeurs rentreront dans » l'ordre normal, et le levain de la rage pourra être détruit, si, à cette satis- » faction, s'ajoute quelque autre condition qui change l'état du sang. »

MM. Tardieu, Decroix et M. Bourrel (1), s'appuyant en grande partie sur le fait de Gadon, pensent qu'un chien peut donner la rage, par la morsure, et continuer à jouir d'une bonne santé.

Telle est ma conviction ; de là vient que, en 1847, j'ai écrit ceci : « Un chien » qui n'est pas enragé, peut, dans certaines circonstances, donner la rage par » sa morsure. »

Maintenant, voyons la valeur de l'argument de M. Bouley.

Le virus rabique, chez le chien Chailly, engendré spontanément et instantanément, a été localisé seulement, avons-nous dit, dans la salive, liquide organisé, qu'il ne faut pas confondre avec l'organisme du chien ou ensemble des fonctions des organes de cet animal (2). Cette distinction est très-importante, car, dans le dernier cas, le virus est fatalement mortel pour l'animal ; tandis que, dans l'autre, seulement localisé, il peut n'en être pas de même. Il n'est donc pas étonnant que nous ne soyons pas d'accord avec M. Bouley.

Allons plus au fond de cette question si grave.

Le chien, qui a blessé Gadon, le 1er janvier et qui, plusieurs fois, a été caressé par celui-ci, entre ce jour et le 18 février, n'a point été malade, non-seulement pendant ces quarante-huit jours, mais encore pendant six mois, à partir du 1er janvier : donc, il n'a point été enragé ou son organisme n'a point été atteint; donc, de toute évidence, il a eu simplement la salive (ou un liquide organisé) renfermant du virus rabique, pendant quelques instants, c'est-à-dire au moment de la morsure faite à l'enfant; donc, enfin, ce virus, spontané, instantané et localisé, n'a eu qu'une durée éphémère.

Si, au bout de six mois, pendant lesquels je l'ai vu maintes fois et fait observer, ce chien a été tué d'après mon conseil, réitéré, donné à la police de la ville et à son propriétaire, c'est que celui-ci et l'administration municipale, bien renseignés, par moi, sur le triste et funeste privilége, dont ce chien avait joui le 1er janvier, ont, enfin, apprécié la grave responsabilité morale et pécuniaire qui pesait sur eux.

MM. Tardieu et Decroix sont donc dans la voie du vrai, lorsqu'ils inclinent

(1) *Traité complet de la rage chez le chien et le chat*, 1874, p. 29.
(2) *Dictionnaire de l'Académie*, t. II, p. 315. *Dictionnaire de Littré*, t. III, p. 856.

à penser, comme le dit M. Bouley : « qu'un chien peut déterminer la rage par » sa morsure et continuer à jouir d'une parfaite santé. »

L'observation que j'ai rapportée (sur laquelle, avec raison, s'appuient MM. Tardieu et Decroix) et les considérations dans lesquelles je viens d'entrer, démontrent clairement, à mes yeux du moins, que, fort de l'opinion de M. Hurtrel d'Arboval (1) et de cet axiome : « Il n'y a pas d'effet sans cause », M. Piétrement (2), qui n'admet pas que le chien de Chailly, point enragé, ait pu, par la morsure, déterminer la rage, bien caractérisée, dont est mort Nicolas Gadon, commet, suivant mon humble appréciation, une grave erreur, par sa fausse interprétation, du fait Gadon, cependant bien clair.

En effet, le chien de Chailly n'était pas enragé ou, mieux, son organisme n'était point infecté de la rage au moment où il a blessé le jeune Gadon, et, cependant, il a donné la rage à ce jeune garçon, par la morsure, parce que le virus rabique, développé spontanément et subitement, n'était encore que localisé dans la salive. Un homme, sans aucun symptôme syphilitique, ne peut-il pas engendrer un enfant vérolé ?

Si, après la morsure, qui a eu lieu le 1er janvier, il n'est pas devenu enragé, c'est que le virus, localisé dans la salive, a disparu avec la cessation des causes qui l'avaient engendrée, comme l'influence pernicieuse du lait de la femme, sur son nourrisson, cesse peu après la disparition de la crise (colérique, hystérique, épileptique, etc.), qui a altéré le lait.

Je n'ai pas jugé convenable de rappeler, dans ce mémoire, le fait, publié par Marc, dans lequel on dit qu'un enfant est mort de la rage pour avoir été mordu par un chien, dont la bonne santé ne s'est pas démentie ensuite ; parce que je n'ai pu me le procurer, malgré l'indication donnée par Rochoux, dans le *Répertoire des sciences médicales* (3).

Il résulte de l'observation du jeune Gadon ; des conséquences justes et rigoureuses qu'on est en droit d'en tirer, suivant cet axiome de Baglivi : « *Ex veritate quid aliud sperare nisi veritas* » (4); de l'étude impartiale et bien réfléchie des auteurs qui ont écrit sur la rage, et quoique M. Bouley m'ait dit : « Votre » fait est inexplicable, il y existe une inconnue. Mais, à coup sûr, il ne saurait » servir de base à une loi », que je puis terminer ce mémoire par les conclusions suivantes, dont tout un chacun appréciera l'extrême importance, et qui constitueront la solution des problèmes, que j'ai posés en commençant ce travail.

(1) *Dictionnaire de médecine et de chirurgie vétérinaires.* Paris, 1838.

(2) *Recueil de médecine vétérinaire pratique*, 1874, p. 126, n° de Juillet.

(3) Tome XXVII, p. 183. En effet, à la page 440 du tome XIII (année 1827) des *Archives générales de médecine*, on lit seulement : « Académie royale de médecine de Paris. Séance du 15 février 1827. Marc rappelle l'observation de rage qu'il a publiée. » Mais où et quand ?

(4) *Opera omnia.* Præfatio, p. 20.

I. La rage virulente du chien reconnaît, quelquefois, sous l'influence d'une et, surtout, de plusieurs causes, particulières, réunies, une étiologie autre que celle de l'inoculation du virus rabique.

II. Le chien, dans certaines circonstances, peut inoculer le virus de la rage, par la morsure; et quoique pouvant encore jouir d'une bonne santé pendant les six mois qui suivent le jour où a eu lieu la morsure ; celle-ci ayant été faite alors que le virus rabique, né spontanément et subitement, était localisé seulement dans la salive.

D'aucuns diront peut-être : ces conclusions sont tellement graves, effrayantes, et extraordinaires qu'on hésite à les admettre.

A ces sceptiques, médecins ou vétérinaires, je répondrai, en leur rappelant cette sentence de Zimmermann : « On ne voit que trop souvent, dans les mala- » dies, des particularités très-singulières » et en leur citant ces paroles de M. le professeur Bouley : « Il y a bien des choses qui sont, et dont il faut bien « admettre l'existence, toutes inexplicables qu'elles nous paraissent (1). »

La connaissance de ces vérités, incontestables depuis quatre cents avant la chrétienté, c'est-à-dire depuis Hippocrate, m'a fait écrire, en 1850, dans un ouvrage, deux fois couronné, cette phrase : « En pathologie, l'absolue identité de condition ne peut exister, à cause de la diversité des organismes et des influences; en dehors des lois générales, il y a, réellement, de nombreuses exceptions, ainsi que, chaque jour, tout praticien en a des preuves, quand il rencontre des individus qui ne contractent point, malgré certaines circonstances, la morve, le vaccin, la variole, la syphilis, etc. (2).

(1) *Recueil de médecine vétérinaire pratique*, avril 1874, p. 242.
(2) *Nature, contagion et génie épidémique de la fièvre typhoïde.* Paris, 1850, p. 25.

NOUVELLES CONSIDÉRATIONS

SUR

LA RAGE SPONTANÉE

> Nihil est tàm arduum humanæ sedulitati quàm investigatio causæ illius primoprimæ et proximæ, quæ singulos morbos in actum provocat.
> (BAGLIVI. OPERA OMNIA, 1751, p. 204.)

Le 28 octobre 1875, devant nombreux de mes savants collègues, j'ai eu l'honneur de lire, suivant l'ordre du jour, un mémoire, intitulé DE LA RAGE SPONTANÉE, à la Société de médecine de Nancy.

Ce travail, inspiré par la lecture de l'article Rage du *Dictionnaire encyclopédique des sciences médicales*, a été composé pour le Congrès international des sciences médicales.

Aujourd'hui, il est imprimé, dans les Annales du Congrès; publié par l'excellent *Journal de médecine de Bruxelles*, et il est reproduit, par M. H. Bouley, dans le *Recueil de médecine vétérinaire pratique*.

Dans le numéro du 15 décembre 1875 de la *Revue médicale de l'Est*, je viens de lire, outre l'analyse de ce mémoire, communiquée par M. le secrétaire de la Société de médecine de Nancy, un savant article, dû à M. Bernheim.

C'est de cet article que je dois m'occuper d'abord.

Je viens donc exposer quelques unes des réflexions qu'il m'a suggérées; bien persuadé que si je n'admets point la théorie de M. Bernheim, je n'en continuerai pas moins à mériter l'estime de son auteur. Lui et moi, n'avons-nous pas le même but: la recherche du vrai, dans l'intérêt de l'humanité, suivant cette maxime: *Utilitate hominum, nil debet esse homini antiquius?*

M. Bernheim, à l'aide de faits bien connus, dont l'induction, suivant lui, est applicable au cas présent, propose, mais avec prudence, une nouvelle explication de la rage spontanée, qui ne serait, alors, qu'une exaspération subite, causée par une influence physique ou morale, d'une rage latente, saturant l'organisme.

On le voit: il rejette l'étrange et nouvelle opinion de MM. Tardieu et Gros, que l'on sait être celle-ci: « La morsure d'un chien enragé inocule la maladie » virulente ou rage; la morsure d'un chien non enragé peut produire une

» maladie absolument identique, qui n'est point virulente et qui est l'hydro-
» phobie non rabique. »

Il a certainement raison, car on ne peut comprendre que « ce qui est même qu'un autre » (1), et, surtout, « absolument même qu'un autre, » ne soit point même que cet autre. C'est de la scolastique germanique, toute pure, donc incompréhensible, du moins à mon avis.

L'explication de M. Bernheim, à première vue, a quelque chose d'attrayant; mais, bientôt ou après réflexion, elle laisse du doute, puis est rejetée.

Ne pouvant prendre un meilleur modèle que M. Bernheim, je vais procéder, comme lui, par des comparaisons et des faits cliniques, desquels je tirerai des conséquences.

Et d'abord, est-il vrai que certaines affections, même transmissibles à l'homme, par la contagion, se développent spontanément, sous l'influence d'une étiologie, bien connue, chez quelques animaux ?

Chaque jour, l'observation clinique répond affirmativement à cette question.

La morve et le farcin, sous l'influence de certaines causes, connues, se montrent spontanément, chez le cheval; s'inoculent au cheval et, comme la rage virulente, se transmettent, par l'inoculation, à l'homme.

Le charbon malin se développe spontanément, sous l'influence de certaines causes (nature du sol, émanations putrides, misère, mauvais traitements, etc.) (2), chez certains animaux; se transmet, par l'inoculation, à d'autres animaux et même à l'homme, exactement comme la rage virulente.

Est-ce que le typhus des bêtes à cornes, si facilement contagieux, ne se montre pas spontanément, sous l'influence de causes appréciables, le surmenage, par exemple ?

Ne sait-on pas que, au moment du rut, la chair de quelques animaux prend une odeur spéciale; que celle de plusieurs poissons (le barbeau, par exemple), au moment du frai, est malsaine ?

L'homme, lui-même, n'est-il pas frappé spontanément de plusieurs affections contagieuses : ainsi, la variole, la scarlatine, la diphthérite, la fièvre typhoïde, etc. (3)? N'a-t-il pas aussi certaines autres maladies qui lui sont propres, comme le zona (4), la syphilis, qu'Auzias-Turenne n'a pu efficacement inoculer, même à un singe anthropomorphe (5) ?

(1) Voir le *Dictionnaire de l'Académie*, t. II, p. 3, et celui de *Littré*, t. III, p. 5.

(2) Voir mon analyse des ouvrages de MM. Raimbert et Bourgeois, dans les tomes 30 et 32 du *Journal de médecine de Bruxelles*, et, dans le tome 31, un long mémoire, que j'ai publié sur la pustule maligne et le charbon malin.

(3) Voir mon ouvrage, couronné deux fois, sur la nature, la contagion, etc., de la fièvre typhoïde. 1 vol. in-8°.

(4) Voir notre article sur le zona ophthalmique, dans le tome 56, p. 59, du *Journal de médecine de Bruxelles*.

(5) Putegnat. *Histoire et thérapeutique de la syphilis infantile*. 1 vol. in-8°.

De ces faits incontestables et que je pourrais rendre plus nombreux, il découle forcément que rien n'est plus naturel que d'admettre une maladie virulente, dite rage, pouvant, sous l'influence de causes, connues aujourd'hui, se développer, spontanément, chez le chien.

Eh ! pourquoi la théorie de M. Pasteur ne serait-elle pas applicable dans ce cas?

Ainsi, quand même des observations authentiques, entre autres celle du jeune Gadon, que j'ai rapportée, avec de minutieux détails, dans mon mémoire sur la rage spontanée, n'existeraient pas, celle-ci, chez le chien, peut être admise *à priori* ou, mieux, en se rappelant que, dans l'échelle animale, chaque espèce a une ou plusieurs maladies spéciales, qui naissent spontanément, et que l'homme, lui-même, est soumis à cette loi.

Cela bien compris, allons plus au fond de notre sujet.

De même, dit M. Bernheim, que, chez l'homme, saturé d'un poison (arsenic, plomb, alcool, strychnine, etc.), et sans qu'on le reconnaisse, il suffit d'un accident, pour compléter, révéler cette saturation générale, latente, et même la rendre immédiatement dangereuse ; ainsi, chez le chien, que l'on dit être frappé, subitement, de la rage spontanée, la rage virulente, à l'état général et latent dans l'organisme ou pas encore assez intense pour donner des signes certains de sa présence, éclate subitement, sous l'influence de certaines causes, survenues accidentellement.

En pareils cas, il n'y a point rage spontanée ; mais, simplement, une subite apparition de la rage, qui était jusque-là à l'état latent, saturant l'organisme.

Cette argumentation est plus spécieuse que probante.

Tout d'abord, j'accorde ceci, parce que c'est un fait réel, bien connu : la rage virulente, qui couve chez le chien et infecte son organisme, après inoculation, peut, subitement, apparaître visible, sous l'influence d'une violente commotion (frayeur, douleur, colère, furie génitale non satisfaite, etc.), reçue par l'animal ; mais, dans ce cas, le virus rabique n'est plus localisé seulement dans la salive, comme dans mon observation, les vibrions ont largement proliféré.

Si, chez l'homme, une vive impression morale, inattendue et un excès de travail, etc., peuvent faire apparaître, subitement, les symptômes d'une rage inoculée, encore latente ou en incubation, cela se comprend à merveille, puisque tout le monde est d'accord sur ce point : jamais, chez l'homme, la rage virulente n'est spontanée, toujours elle est la conséquence d'une inoculation, dont les effets ne deviennent apparents qu'après une incubation, comme cela a lieu lorsqu'il s'agit des virus syphilitique, vaccinal, variolique, charbonneux.

Nous savons, quoique petit praticien, que, chez un alcoolisé, un accident (fracture, pneumonie (1), etc.) peut faire éclater subitement de graves symp-

(1) Voir le tome I de notre *Traité de pathologie interne du système respiratoire* et, dans le tome XLI du *Journal de médecine de Bruxelles*, notre analyse de la seconde édition du *Traité de la pneumonie*, par Grisolle.

tômes de l'alcoolisme, non soupçonnés par le public, mais bien connus du médecin, qui a observé les phénomènes suivants : caractère irascible, appétit dépravé ou perdu, sommeil troublé, honte, regard incertain, tremblements, conjonctives d'un jaune rougeâtre, etc. Ainsi, dans ce cas, l'alcoolisme n'était pas à l'état latent.

Ce que je dis de l'intoxication alcoolique, s'applique à l'intoxication par le plomb, l'arsenic, la digitale, etc., qui offre des signes précoces et certains, aux yeux du praticien.

Il n'y a donc pas, dans ce cas, un état latent, comme dans la rage inoculée, qui couve ; donc entre ces empoisonnements minéraux et végétaux et celui par le virus rabique il n'y a pas de rapprochement possible ; d'autant plus qu'un chien qui, par la morsure, a inoculé le virus rabique mortel, peut rester sain, témoin le chien de Chailly, dans notre observation.

Un fait important, dont M. Bernheim ne tient pas compte, c'est que l'empoisonnement par une substance soit minérale soit végétale, n'est pas le même que celui produit par un virus ; dans ce dernier cas, il y a des vibrions qui se multiplient. On connaît les recherches de M. Davaine sur le virus et le sang charbonneux.

Tamhayn, ajoute M. Bernheim, a réuni dix-neuf faits, dans lesquels les chiens, dix-huit fois, communiquèrent la rage mortelle à des hommes ; or ces chiens étaient sains au moment de la morsure, mais devinrent enragés plus tard. Il y avait donc, chez ces chiens, une vraie diathèse rabique, une rage latente.

Cette argumentation ne peut subsister devant cette mienne observation : Un chien, sain jusqu'au 1er janvier, mord, ce jour, un enfant qui meurt de la rage au bout de quarante huit jours, et le dit chien ne donne, pendant six mois ou jusqu'à sa mort accidentelle, aucun symptôme de rage et même d'une maladie quelconque. Aucune théorie, du moins, suivant mon humble appréciation, ne peut renverser ce fait.

Cela ne me suffit pas, cependant, je veux aller plus loin ou essayer de ne pas laisser le moindre doute sur mon opinion.

C'est ici, surtout, que j'ai besoin de l'indulgente attention du lecteur, car j'aborde un point de physiologie étiologique très-grave, qui nécessite de grands développements, que, cependant, je ne puis donner, attendu le plan de ce modeste travail.

Tout d'abord, j'ai à prouver, ce que, déjà, j'ai fait dans mon mémoire sur la rage spontanée : que le virus rabique peut rester localisé dans la salive du chien.

Rien n'est plus probant qu'un fait, bien vu, bien recueilli ; en voici un, qui est celui dont j'ai parlé ci-dessus.

Un chien, bien portant, puisque, pendant six mois, il n'a donné aucun signe de maladie quelconque, mord un petit garçon, au moment où il est sous l'influence d'une grande frayeur, de la douleur, d'une colère extrême et du désir effréné, mais interrompu, de couvrir une chienne en folie, et quarante-huit jours après, ce jeune garçon meurt de la rage, diagnostiquée par trois docteurs.

Evidemment, dans ce cas, le virus rabique, né spontanément et subitement, était localisé et est resté localisé dans la salive du chien; certainement l'organisme de cet animal n'a point été infecté par le virus rabique.

Qu'y a-t-il d'extraordinaire dans ce fait?

Ici encore, imitons M. Bernheim, en répétant ce que nous avons dit dans notre précédent mémoire: citons des faits connus.

Est-ce que l'extrême frayeur ou un violent et subit chagrin ne peut pas concentrer son funeste effet sur un point de l'organisme humain? Ne voit-on pas les cheveux blanchir subitement et un ictère arriver promptemeut, à la suite d'un violent chagrin, d'une frayeur, d'un accès de colère? Ne sait-on pas que le lait de la nourrice peut être, instantanément, influencé par la colère, la frayeur, le chagrin, la douleur, etc.? Ignore-t-on que, dans une attaque d'épilepsie, même légère, les glandes salivaires sont influencées?

Eh bien! pourquoi, chez le chien, une modification, subite et spéciale, des glandes salivaires n'aurait-elle pas lieu sous l'influence de certaines causes? Pourquoi, aussi, cette modification spéciale ne disparaîtrait-elle pas, lorsque les causes qui l'ont produite cessent d'exister? Est-ce que le lait de la nourrice, modifié subitement, par l'impression qu'a reçue la glande mammaire, sous l'influence de la colère, de la frayeur, de la douleur, d'une attaque d'hystérie, etc., ne recouvre pas bientôt ses qualités antérieures ou normales, quand l'impression maladive a cessé? Est-ce que, dans ce cas, l'organisme ne suffit pas, à lui seul, pour se débarrasser du poison? N'est-ce pas ce qui a lieu dans l'urémie, par exemple, comme l'a fort bien rappelé M. Bernheim?

Rien encore de plus facile, ce me semble, que d'expliquer la rage, dont sont morts les dix-huit chiens de Tamhayn.

Tout d'abord, qui prouve que ces chiens, bien portants au moment où, par leurs morsures, ils donnèrent la rage mortelle, ne furent pas inoculés depuis, par morsures? Où est la preuve que, chez eux, il n'y eut point une *auto-inoculation*?

On sait que le chien qui a une plaie récente la lèche fréquemment. Eh bien! dans ce cas, il peut, lui-même, par sa salive, contenant spontanément, subitement et passagèrement du virus rabique, s'inoculer le dit virus et, de la sorte, infecter tout son organisme. Alors, au bout d'un certain temps d'état latent ou d'incubation, soit naturellement, soit sous l'influence d'une cause (frayeur, douleur, colère, extrême désir génésique non satisfait, etc.), la rage apparaîtra avec ses symptômes effrayants.

Où est la preuve aussi que ces chiens n'avaient pas reçu, dans les combats, livrés avec fureur, pour la possessiou d'une chienne en folie, une plaie à une lèvre, à la langue, qui, facilement, a ouvert une porte à l'*auto-inoculation*, par le contact de la salive, contenant du virus rabique et, alors, seule partie organique atteinte spontanément et subitement, sous l'influence de causes, connues aujourd'hui et même admises, avec timidité il est vrai, par les non spontanéistes ?

M'appuyant sur une mienne observation, sur nombreuses autres, sur des inductions physiologiques, bien connues, je me crois en droit de dire :

Le virus de la rage, inoculable et donnant la mort à l'inoculé, peut, sous l'influence d'une et, surtout, de plusieurs causes réunies, être fabriqué spontanément et subitement, par les glandes salivaires du chien ; il peut rester localisé dans la salive ou ne pas infecter l'organisme de l'animal ; il peut disparaître, par la cessation des causes qui l'ont produit et par l'effet de certaines autres, comme cela a lieu quelquefois, par exemple dans l'intoxication urémique ; il peut, par l'*auto-inoculation* de l'animal, infecter tout l'organisme de celui-ci ; et il peut, par son inoculation, donner la rage mortelle à un autre animal et à l'homme.

Ainsi, pour moi, un chien peut devenir enragé ou avoir tout son organisme empoisonné par le virus rabique, dans deux circonstances :

1° Par l'inoculation de la salive d'un animal, atteint de la rage virulente, fait hors de toute contestation.

2° Par son *auto-inoculation* de sa salive, contenant du virus rabique.

Dans ce dernier cas, sous l'influence d'une et, spécialement, de plusieurs causes réunies, les glandes salivaires du chien, impressionnées et modifiées spécifiquement, sécrètent, subitement, de la salive, contenant du virus rabique.

Si cette salive rabique (qui perd sa funeste qualité par la disparition subite des causes qui l'ont engendrée ou par suite de certaines circonstances physiologiques, comme cela se voit dans l'intoxication urémique) est inoculée à un homme, à un chien, l'un ou l'autre, au bout d'un certain temps, dit période d'incubation, présente, soit naturellement, soit sous l'influence d'une certaine cause accidentelle, les signes de la rage virulente et meurt plus infailliblement que le pape n'est infaillible.

Si le chien, à salive, spontanément et subitement rabique, porte une plaie nouvelle, principalement à la langue, à une lèvre (ce qui a lieu fréquemment pendant les combats livrés autour d'une chienne en folie ou au moment de l'action des causes puissantes qui agissent, d'une manière spéciale, sur les glandes salivaires du chien), il s'inocule, lui-même, son propre virus et infecte tout son organisme.

Ainsi, ce me semble, peut être comprise et expliquée la rage du chien, non inoculé.

Ainsi, l'on peut comprendre comment un chien, point blessé par un animal, atteint de la rage virulente, mortelle, peut devenir enragé et peut donner la rage virulente, par sa morsure, quoique n'étant point enragé.

Je livre ces explications, simples, nouvelles et très-attrayantes par leur vraisemblance, à la sagacité des expérimentateurs qui, comme moi, ont adopté cette devise de Morgagni : *Longe mihi potior cura est veritatis quàm novitatis.*

ROMANS PUBLIÉS PAR LE Docteur PUTEGNAT

E. LEROUX, éditeur, rue Bonaparte, 28

LA FOLLE DÉCORÉE

1 volume in-8°

AVENTURES D'UN MÉDECIN

1 fort volume in-8°

Avec nombreuses gravures à l'eau forte de M. G. Henry.

Ces Romans, qui ont excité la colère des disciples de Tartufe et de Basile, et d'obscurs parvenus par le valetage, ont valu à leur auteur les félicitations de nombreux savants et recueils scientifiques.

Sous Presse :

MONOGRAPHIE DE LA FISTULE CÔLO-VÉSICALE

Brochure in-8°

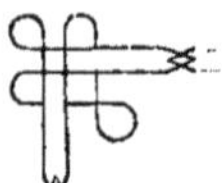

PRINCIPALES PUBLICATIONS SCIENTIFIQUES

DU

Docteur PUTEGNAT

De l'Hydropisie de poitrine. Ouvrage couronné en 1838.

Traité des maladies du système respiratoire. Paris, 2e édition, 2 vol. in-8o.

Mémoires de chirurgie. Paris, 1849, 1 vol. in-8o.

Nature, Contagion et Génie épidémique de la Fièvre typhoïde. Ouvrage deux fois couronné. Paris, 1850.

Mélange de Médecine et de Chirurgie. Bruxelles, 1850, 1 vol. in-8o.

Traité de l'Asthme. Ouvrage couronné. Paris, 1851.

Mémoires de Médecine et de Chirurgie pratiques. Bruxelles, 1853, 1 vol. in-8o.

Histoire et thérapeutique de la Syphilis des nouveaux-nés. Paris, 1854, 1 vol. in-8o.

Traité de la Chlorose et des maladies chlorotiques. Ouvrage couronné. Bruxelles, 1854, 1 vol. in-8o.

Traité des maladies des Tailleurs de cristal et de verre. Paris, 1860, 1 vol. in 8o.

Considérations cliniques sur les maladies charbonneuses. Paris, 1860, brochure in-8o.

Traitement du Chancre phagédénique. Bruxelles, 1863, brochure in-8o.

Traité de la Stomatite grangréneuse de l'adulte. Paris, 1865, 1 vol. in-8o.

Des Pneumonies suettiques. Paris, 1866, brochure in-8o.

De l'Occlusion intestinale. Ouvrage récompensé. Paris, 1867, 1 vol. in-8o.

Quelques faits d'obstricie. Paris, 1872, 1 fort vol. in-8o.

De la Rage spontanée. 1876, brochure in-8o.

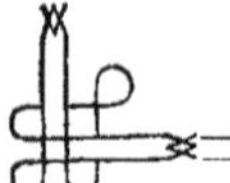

Lunéville, imp. Nouv. — a. 225

www.ingramcontent.com/pod-product-compliance
Ingram Content Group UK Ltd.
Pitfield, Milton Keynes, MK11 3LW, UK
UKHW020222180726
13838UKWH00005B/2134

9 782329 335681